YILONG YU HAILONG
TUJIAN

翼龙与海龙图鉴

童心 编著

化学工业出版社

·北京·

图书在版编目（CIP）数据

翼龙与海龙图鉴 / 童心编著. --北京 ：化学工业
出版社，2025．5．-- ISBN 978-7-122-47794-1

Ⅰ. Q915.864-49

中国国家版本馆CIP数据核字第2025JF6120号

责任编辑：史　懿　　　　　装帧设计：史利平　宁静静
责任校对：宋　夏　　　　　排版设计：溢思视觉设计
　　　　　　　　　　　　　　　　　　E-mail: isstudio@126.com

出版发行：化学工业出版社
　　　　　（北京市东城区青年湖南街13号　邮政编码100011）
印　　装：河北尚唐印刷包装有限公司
889mm×1194mm　1/24　印张6
2025年6月北京第1版第1次印刷

购书咨询：010-64518888　　　　售后服务：010-64518899
网　　址：http://www.cip.com.cn
凡购买本书，如有缺损质量问题，本社销售中心负责调换。

定　　价：68.00元

扫码听120种
翼龙与海龙小知识

开启恐龙时代的探索之旅
71种翼龙，49种海龙生存状态
趣味知识全解析

前言

在这个神奇的世界上，曾经生活着很多强大又神秘的生物——翼龙和海龙！它们是史前时代海洋和天空的王者。最初，人们发现它们的化石，认为是恐龙的一种，后来经过科学家们的深入研究，发现它们是与恐龙亲缘关系很近的爬行动物。它们和恐龙一样，都是远古地球生命的奇迹，与恐龙一起，分别统治了天空、海洋和陆地。

这本《翼龙与海龙图鉴》详尽列出了18科共71种翼龙，以及4目共49种海龙。从体长几十米的庞然大物到只有几十厘米的小不点，每一种都有其独有的特征和魅力。

本书画面精美，文字简洁，并附以音频介绍翼龙与海龙小知识。书中的图画全部采用写实手法进行绘制，生动展现了各种翼龙与海龙的外形特征和栖息环境。每一幅图都让人仿佛置身于遥远的时代，感受到这些史前巨兽的威武与优雅。你看，翼龙正神气地在天空中翱翔，海龙正在用它们锋利的牙齿捕食水中的猎物，你仿佛听到它们的吼叫，感受到它们风驰电掣的速度。

书中简单介绍了翼龙与海龙的分类以及它们各种神奇的捕猎武器，详尽介绍了它们生活的时期、种群分类、翼展或体长、体重、食物等信息。这本书不仅是一场视觉上的盛宴，更是引导孩子们了解这些神秘巨兽的绝佳途径。无论是对这些庞然大物充满好奇的孩子，还是刚刚接触古生物的小朋友，都能从这本图鉴中找到乐趣与知识。让我们携手踏上这段神秘的旅程，揭开翼龙与海龙的秘密，体验那个充满奇迹的时代吧！

童心

2025年3月

目录

扫码听120种
翼龙与海龙小知识

中生代天空翼龙

翼龙的分类

翼龙是一种能够飞行的爬行类动物，它们大部分时间是在空中度过的。

翼龙通常被分为两大类群：一类是喙嘴龙类，另一类是翼手龙类。

喙嘴龙类的上、下颌一般都有牙齿，绝大部分还有一条长长的尾巴，尾巴末端有钻石状（菱形）骨片，可以控制飞行的方向。

翼手龙类的牙齿在数量上呈现多样化趋势，有的种类牙齿完全退化消失，有的种类的牙齿却有成百上千颗，后肢的第五趾退化或消失，尾巴很短。

扫码听120种
翼龙与海龙小知识

2

喙嘴龙科

- **生活时期**：侏罗纪早期
- **大　　小**：翼展 1.5 米
- **化石产地**：德国、法国
- **种　　群**：喙嘴龙类
- **食　　物**：鱼类

喙嘴龙科

矛颌翼龙
Dorygnathus

4

嗦嘴龙
Rhamphorhynchus

- 生活时期：侏罗纪中晚期
- 大　　小：翼展 0.6～1.8 米
- 化石产地：德国
- 种　　群：嗦嘴龙类
- 食　　物：鱼类、昆虫、小恐龙及恐龙尸体

噱颈龙
Rhamphinion

- **生活时期**：侏罗纪早期
- **种　群**：嚎嘴龙类
- **大　小**：翼展约 1.5 米
- **食　物**：鱼类
- **化石产地**：北美洲

6

沛温翼龙
Preondactylus

- 生活时期：三叠纪晚期
- 种　　群：喙嘴龙类
- 大　　小：翼展 0.45 米
- 食　　物：昆虫、鱼类
- 化石产地：意大利

船颌翼龙
Scaphognathus

- 生活时期：侏罗纪晚期
- 种　　群：喙嘴龙类
- 大　　小：翼展约 1 米
- 食　　物：鱼类
- 化石产地：德国

8

魔鬼翼龙

Spilosus

- **生活时期**：侏罗纪晚期
- **种　群**：喙嘴龙类
- **大　小**：翼展 0.63 米
- **食　物**：昆虫、两栖动物等小型动物
- **化石产地**：哈萨克斯坦

- 生活时期：侏罗纪中期
- 大　　小：翼展 1.6～2 米
- 化石产地：中国
- 种　　群：喙嘴龙类
- 食　　物：鱼类

狭鼻翼龙
Angustinaripterus

蛙嘴龙科

- 生活时期：白垩纪早期
- 大　　小：翼展 0.4 ～ 0.5 米
- 化石产地：中国
- 种　　群：喙嘴龙类
- 食　　物：昆虫

树翼龙
Dendrorhynchoides

11

蛙颌翼龙
Batrachognathus

- 生活时期：侏罗纪晚期
- 种　　群：喙嘴龙类
- 大　　小：翼展 0.5 米
- 食　　物：昆虫
- 化石产地：哈萨克斯坦

12

蛙嘴龙
Anurognathus

- 生活时期：侏罗纪晚期
- 种　　群：喙嘴龙类
- 大　　小：翼展 0.5 米
- 食　　物：昆虫
- 化石产地：德国

热河翼龙
jeholopterus

- **生活时期**：白垩纪早期
- **大　小**：翼展 0.9 米
- **化石产地**：中国
- **种　群**：喙嘴龙类
- **食　物**：昆虫等

曲颌翼龙科

奥地利翼龙
Austriadactylus

- 生活时期：三叠纪晚期
- 大　　小：翼展 1.2 米
- 化石产地：奥地利
- 种　　群：喙嘴龙类
- 食　　物：肉类

15

曲颌翼龙
Campylognathoides

莱提亚翼龙
Raeticodactylus

- 生活时期：三叠纪晚期
- 大　小：翼展 1.35 米
- 化石产地：瑞士
- 种　群：喙嘴龙类
- 食　物：肉类

真双型齿翼龙科

- 生活时期：三叠纪晚期
- 大　　小：翼展约1米
- 化石产地：意大利
- 种　　群：喙嘴龙类
- 食　　物：鱼类、昆虫等

真双型齿翼龙

Eudimorphodon

双型齿翼龙科

- 生活时期：侏罗纪时期
- 大　　小：翼展 1.45 米
- 化石产地：英国、墨西哥
- 种　　群：喙嘴龙类
- 食　　物：鱼类、昆虫等

双型齿翼龙科 SHUANGXINGCHIYILONGKE

双型齿翼龙
Dimorphodon

19

■ 生活时期：三叠纪晚期　　■ 种　群：喙嘴龙类

■ 大　　小：翼展约 1 米　　■ 食　物：昆虫

■ 化石产地：意大利

卡尼亚指翼龙

Carniadactylus

悟空翼龙科

- **生活时期**：侏罗纪晚期至白垩纪早期
- **种　　群**：喙嘴龙类
- **大　　小**：翼展 0.73 米
- **食　　物**：肉类
- **化石产地**：中国

悟空翼龙
Wukongopterus

- **生活时期**：侏罗纪中期
- **大　小**：翼展 1 米
- **化石产地**：中国
- **种　群**：喙嘴龙类
- **食　物**：肉类

达尔文翼龙
Darwinopterus

23

鲲鹏翼龙

Kunpengopterus

- **生活时期**：侏罗纪晚期到白垩纪早期
- **种　群**：喙嘴龙类
- **大　小**：翼展 0.7 米
- **食　物**：肉类
- **化石产地**：中国

翼手龙科

翼手龙
Pterodactylus

- 生活时期：侏罗纪晚期
- 种　　群：翼手龙类
- 大　　小：翼展 1.5 米
- 食　　物：鱼类等
- 化石产地：德国

郝氏翼龙

Haopterus

- 生活时期：白垩纪早期
- 种　　群：翼手龙类
- 大　　小：翼展 1.35 米
- 食　　物：鱼类
- 化石产地：中国

梳颌翼龙超科

鹅喙翼龙
Cycnorhamphus

- 生活时期：侏罗纪晚期
- 种　群：翼手龙类
- 大　小：翼展 1.35 米
- 食　物：鱼类、甲壳动物、节肢动物等
- 化石产地：德国、法国

27

梳颌翼龙

Ctenochasma

- 生活时期：侏罗纪晚期
- 大　　小：翼展 0.3 ~ 1.2 米
- 化石产地：德国、法国
- 种　　群：翼手龙类
- 食　　物：鱼类等

滤齿翼龙
Pterofiltus

- **生活时期**：白垩纪早期
- **大　小**：翼展约 1.5 米
- **化石产地**：中国
- **种　群**：翼手龙类
- **食　物**：鱼类

南翼龙
Pterodaustro

- 生活时期：白垩纪早期
- 种　群：翼手龙类
- 大　小：翼展 2.5 ~ 3 米
- 食　物：鱼类、甲壳动物、浮游生物等
- 化石产地：南美洲

30

颌翼龙
Gnathosaurus

- 生活时期：侏罗纪晚期
- 种　群：翼手龙类
- 大　小：翼展 1.7 米
- 食　物：鱼虾
- 化石产地：德国

匙喙翼龙
Plataleorhynchus

- 生活时期：侏罗纪晚期至白垩纪早期
- 种　　群：翼手龙类
- 大　　小：翼展 1.7 ~ 2 米
- 食　　物：鱼虾
- 化石产地：英国

格格翼龙

Gegepterus

- **生活时期**：白垩纪早期
- **种　群**：翼手龙类
- **大　小**：翼展 1.5 米
- **食　物**：鱼类
- **化石产地**：中国

33

北票翼龙

Beipiaopterus

- 生活时期：白垩纪早期
- 种　　群：翼手龙类
- 大　　小：翼展 1 米
- 食　　物：鱼虾、肉类
- 化石产地：中国

飞龙
Feilongus

- 生活时期：白垩纪早期
- 种　　群：翼手龙类
- 大　　小：翼展约 2.4 米
- 食　　物：肉类
- 化石产地：中国

环河翼龙
Huanhepterus

- 生活时期：侏罗纪晚期
- 大　　小：翼展 2.5 米
- 化石产地：中国
- 种　　群：翼手龙类
- 食　　物：水中的小型动物

鸢翼龙
Elanodactylus

- **生活时期**：白垩纪早期
- **大　　小**：翼展约 2.5 米
- **化石产地**：中国
- **种　　群**：翼手龙类
- **食　　物**：鱼类

矮嘴龙
Coloborhynchus

- 生活时期：白垩纪早期
- 大　小：翼展 6 米
- 化石产地：美洲、欧洲
- 种　群：翼手龙类
- 食　物：肉类

准噶尔翼龙超科

德国翼龙
Germanodactylus
准噶尔翼龙超科

- **生活时期**：侏罗纪晚期到白垩纪早期
- **种　群**：翼手龙类
- **大　小**：翼展 0.98 ~ 1 米
- **食　物**：肉类
- **化石产地**：德国

39

但丁翼龙
Daitingopterus

- 生活时期：侏罗纪晚期
- 大　　小：翼展1.08米
- 化石产地：德国
- 种　　群：翼手龙类
- 食　　物：鱼类

都迷科翼龙

Domeykodactylus

- 生活时期：白垩纪早期
- 大　　小：翼展 1 米
- 化石产地：智利
- 种　　群：翼手龙类
- 食　　物：鱼类等

41

淮噶尔翼龙

Dsungaripterus

- 生活时期：白垩纪早期
- 大　　小：翼展 3 ~ 5 米
- 化石产地：中国
- 种　　群：翼手龙类
- 食　　物：贝类、鱼虾、昆虫

43

惊恐翼龙
Phobetor

- 生活时期：白垩纪早期
- 种　　群：翼手龙类
- 大　　小：翼展约1.58米
- 食　　物：贝类、鱼虾
- 化石产地：蒙古国

44

湖翼龙
Noripterus

- 生活时期：白垩纪早期
- 种　　群：翼手龙类
- 大　　小：翼展约 2 米
- 食　　物：鱼虾、贝类
- 化石产地：中国

45

古神翼龙科

古神翼龙
Tapejara

- **生活时期**：白垩纪早期
- **种　　群**：翼手龙类
- **大　　小**：翼展3～6米
- **食　　物**：肉类
- **化石产地**：中国、巴西

雷神翼龙

Tvpandactylvs

- 生活时期：白垩纪早期
- 种　　群：翼手龙类
- 大　　小：翼展 6 米
- 食　　物：鱼类等
- 化石产地：巴西

中国翼龙
Sinopterus

- 生活时期：白垩纪早期
- 大　　小：翼展 0.7 ~ 1.5 米
- 化石产地：中国
- 种　　群：翼手龙类
- 食　　物：肉类

- 生活时期：白垩纪早期
- 大　　小：翼展 4.5 米
- 化石产地：巴西
- 种　　群：翼手龙类
- 食　　物：鱼类

掠海翼龙
Thalassodromeus

49

妖精翼龙
Tupuxuara

- 生活时期：白垩纪早期
- 种　　群：翼手龙类
- 大　　小：翼展约 5.5 米
- 食　　物：鱼类
- 化石产地：巴西

神龙翼龙科

神龙翼龙
Azhdarcho

- 生活时期：白垩纪晚期
- 种　　群：翼手龙类
- 大　　小：翼展 6 米
- 食　　物：肉类
- 化石产地：亚洲

风神翼龙
Quetzalcoatlus

- **生活时期**：白垩纪晚期
- **大　小**：翼展超过 11 米
- **化石产地**：北美洲
- **种　群**：翼手龙类
- **食　物**：肉类

蒙大拿神翼龙
Montanazhdarcho

- 生活时期：白垩纪晚期
- 大　　小：翼展 2.5 米
- 化石产地：北美洲
- 种　　群：翼手龙类
- 食　　物：肉类

53

哈特兹哥翼龙
Hatzegopteryx

- 生活时期：白垩纪晚期
- 大　　小：翼展 10 ～ 11 米
- 化石产地：罗马尼亚
- 种　　群：翼手龙类
- 食　　物：肉类

浙江翼龙
Zhejiangopterus

- 生活时期：白垩纪晚期
- 大　　小：翼展 5 米
- 化石产地：中国
- 种　　群：翼手龙类
- 食　　物：肉类

- 生活时期：白垩纪晚期
- 大　　小：翼展 12 米
- 化石产地：约旦
- 种　　群：翼手龙类
- 食　　物：肉类

阿氏翼龙
Arthurdactylus

帆翼龙科

- 生活时期：白垩纪早期
- 大　　小：翼展 4.3 米
- 化石产地：欧洲
- 种　　群：翼手龙类
- 食　　物：鱼类、腐肉

帆翼龙
Istiodactylus

57

辽西翼龙
Liaoxipterus

- 生活时期：白垩纪早期
- 大　小：翼展约1.2米
- 化石产地：中国
- 种　群：翼手龙类
- 食　物：肉类

- 生活时期：白垩纪早期
- 大　　小：翼展 2.4 ～ 2.5 米
- 化石产地：中国
- 种　　群：翼手龙类
- 食　　物：肉类

努尔哈赤翼龙
Nvrhachivs

鸟掌翼龙科

- 生活时期：白垩纪早期
- 大　　小：翼展2～6米
- 化石产地：欧洲、美洲
- 种　　群：翼手龙类
- 食　　物：鱼类等

鸟掌翼龙科

鸟掌翼龙
Ornithocheirus

■ 生活时期：白垩纪时期　　　■ 种　　群：翼手龙类
■ 大　　小：翼展约8.2米　　　■ 食　　物：鱼类
■ 化石产地：英国、巴西

鸟掌翼龙科 NIAOZHANGYILONGKE

脊颌翼龙
Tropeognathus

61

巴西翼龙
Brasileodactylus

- 生活时期：白垩纪早期
- 大　　小：翼展4米
- 化石产地：巴西
- 种　　群：翼手龙类
- 食　　物：鱼类

玩具翼龙
Ludodactylus

- **生活时期**：白垩纪早期
- **大　　小**：翼展 5 米
- **化石产地**：南美洲
- **种　　群**：翼手龙类
- **食　　物**：肉类

63

夜翼龙科

夜翼龙
Nyctosaurus

- 生活时期：白垩纪晚期
- 大　　小：翼展 2～3 米
- 化石产地：美国、巴西
- 种　　群：翼手龙类
- 食　　物：肉类

无齿翼龙科

道恩翼龙
Dawndraco

- 生活时期：白垩纪晚期
- 种　　群：翼手龙类
- 大　　小：翼展 5 米
- 食　　物：鱼类
- 化石产地：北美洲

■ 生活时期：白垩纪晚期　　■ 种　　群：翼手龙类
■ 大　　小：翼展7～9米　　■ 食　　物：鱼类等
■ 化石产地：美国、英国

无齿翼龙
Pteranodon

北方翼龙科

- 生活时期：白垩纪早期
- 大　　小：翼展约 1.45 米
- 化石产地：中国
- 种　　群：翼手龙类
- 食　　物：鱼类

北方翼龙
Boreopterus

■ 生活时期：白垩纪早期　　　■ 种　　群：翼手龙类

■ 大　　小：翼展 4 米　　　　■ 食　　物：鱼类

■ 化石产地：中国

振元翼龙
Zhenyvanopterus

古魔翼龙科

- 生活时期：白垩纪早期
- 大　　小：翼展 4～5 米
- 化石产地：巴西
- 种　　群：翼手龙类
- 食　　物：鱼类

古魔翼龙
Anhanguera

- 生活时期：白垩纪早期
- 大　小：翼展 5 米
- 化石产地：中国
- 种　群：翼手龙类
- 食　物：鱼类等

魔鬼龙科 GUILONGKE

辽宁翼龙
Liaoningopterus

朝阳翼龙科

- 生活时期：白垩纪早期
- 大　　小：翼展 1.85 米
- 化石产地：中国
- 种　　群：翼手龙类
- 食　　物：肉类

朝阳翼龙
Chaoyangopterus

- 生活时期：白垩纪早期
- 大　小：翼展约2米
- 化石产地：中国
- 种　群：翼手龙类
- 食　物：肉类

吉大翼龙
Jidapterus

■ 生活时期：白垩纪早期　　■ 种　　群：翼手龙类
■ 大　　小：翼展 1.4 米　　■ 食　　物：肉类
■ 化石产地：中国

神州翼龙
Shenzhoupterus

73

其他翼龙

宁城翼龙
Ningchengopterus

- 生活时期：白垩纪早期
- 种　　群：翼手龙类
- 大　　小：翼展 0.5 米
- 食　　物：肉类
- 化石产地：中国

森林翼龙
Nemicolopterus

- 生活时期：白垩纪早期
- 种　　群：翼手龙类
- 大　　小：翼展 0.25 米
- 食　　物：昆虫
- 化石产地：中国

海龙集结号

水怪的那些事儿

从中国的鲲到泰国的娜迦，从古希腊的大海蛇到古代北欧的大章鱼，充满神秘色彩的水怪一直让人们津津乐道。这些水怪无一不有着巨大的身形和可怕的外表，是海洋中最强大的生物。到了现代，人们对于水怪的兴趣依然不减，尼斯湖水怪、青海湖水怪都吸引着人们的眼球，让人们对它们好奇不已。

扫码听120种
翼龙与海龙小知识

海生爬行动物不是恐龙

中生代被很多人看作是爬行动物的时代，这个时代大约持续了1.5亿年，我们最熟知的中生代动物就是恐龙，它们的名字中都有一个"龙"字。其实，在中生代的海洋中也有很多和恐龙一样的"龙"字辈，于是很多人以为它们也是恐龙家族的一员，真的是这样吗？实际上，蛇颈龙也好，沧龙也罢，它们并不是恐龙，只算得上是恐龙的远亲。

有趣的游泳方式

水是海洋最大的载体，任何海洋动物的活动都必须在水的环境中进行。为了适应这种生活，很多动物都进化出了流线型的身体，这种体形在游泳时可以减轻水的阻力，从而加快自己的速度。要知道，在海洋中，游泳速度的快慢可以直接关系到一个物种的存亡。

在中生代的海洋中，这些"水怪"的游泳方式主要有四种类型，这就决定了它们会有完全不同的生活方式。

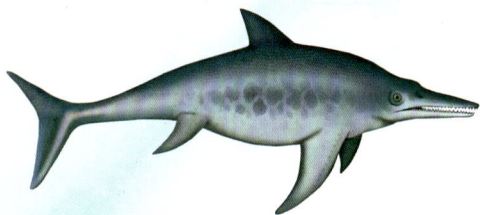

鱼类游泳方式：这种方式主要靠半月形鱼鳍左右摆动推动身体前进，而躯干上的肌肉也会辅助前进，四肢则可以调节游泳方向，但不会像鳗鱼那样摆动幅度那么大。其主要代表就是后期的鱼龙目。

鳗鱼式的S型游泳方式：这种方式是通过不断扭动尾巴，然后辅以躯干和四肢的摆动来实现身体前进。这类"水怪"以早期的鱼龙如巢湖龙、杯椎鱼龙为主。

鳄鱼型游泳方式：鳄鱼的尾巴又长又扁，它们在游泳时会摆动尾巴推动身体前进，四肢则可以用来改变游泳方向。这类"水怪"主要以沧龙科为主，由于尾巴非常强壮，它们的游速也非常快。

四肢型游泳方式：这类"水怪"没有长长的尾巴或尾鳍，但是它们的四肢就像划船的桨一样又窄又长。当四肢向后划动时，它们就会获得一个向前的推力，同时四肢还可以调节游动的方向。蛇颈龙是其中的代表。

幻龙目

- **生活时期**：三叠纪中晚期
- **体　　长**：0.36 ~ 6 米
- **化石产地**：欧洲、亚洲、非洲
- **种　　群**：幻龙目
- **食　　物**：肉类

幻龙目

幻龙

Nothosaurus

- 生活时期：三叠纪中期
- 体　长：4 米
- 化石产地：欧洲
- 种　群：幻龙目
- 食　物：肉类

色雷斯龙
Ceresiosaurus

贵州龙
Keichousaurus

- 生活时期：三叠纪中期
- 种　　群：幻龙目
- 体　　长：0.2米
- 食　　物：肉类
- 化石产地：中国

鸥龙

Lariosaurus

- 生活时期：三叠纪时期
- 种　　群：幻龙目
- 体　　长：0.6 米
- 食　　物：肉类
- 化石产地：西班牙、中国

83

肿肋龙
Pachypleurosaurus

- 生活时期：三叠纪中期
- 种　　群：幻龙目
- 体　　长：0.2~1.2米
- 食　　物：肉类
- 化石产地：欧洲

蛇颈龙目

皮氏吐龙
Pistosaurus

- 生活时期：三叠纪中期
- 体　　长：3米
- 化石产地：欧洲
- 种　　群：蛇颈龙目
- 食　　物：肉类

85

云贵龙
Yunguisaurus

- 生活时期：三叠纪中期
- 体　长：2米
- 化石产地：中国
- 种　群：蛇颈龙目
- 食　物：肉类

海洋龙
Thalassiodracon

- **生活时期**：三叠纪晚期
- **体　　长**：1.5～2米
- **化石产地**：英国
- **种　　群**：蛇颈龙目
- **食　　物**：肉类

长颈蛇颈龙
Plesiosaurs dolichodeirus

- **生活时期**：侏罗纪早期
- **体　　长**：3～5米
- **化石产地**：英国
- **种　　群**：蛇颈龙目
- **食　　物**：鱼类、贝类等

巨板龙

Macroplata

- 生活时期：侏罗纪早期
- 种　　群：蛇颈龙目
- 体　　长：4～5米
- 食　　物：鱼类
- 化石产地：英国、澳大利亚、墨西哥等地

菱龙
Rhomaleosaurus

- 生活时期：侏罗纪早期
- 种　　群：蛇颈龙目
- 体　　长：3.5 ~ 8 米
- 食　　物：肉类
- 化石产地：欧洲

泥泳龙
Peloneustes

- 生活时期：侏罗纪中期
- 种　　群：蛇颈龙目
- 体　　长：3 米
- 食　　物：肉类
- 化石产地：欧洲

浅隐龙
Cryptoclidus

- 生活时期：侏罗纪中期
- 体　　长：约8米
- 化石产地：英国、法国、俄罗斯等地
- 种　　群：蛇颈龙目
- 食　　物：肉类

上龙
Pliosaurus

- 生活时期：侏罗纪晚期
- 体　　长：10 ~ 12 米
- 化石产地：英国、澳大利亚、墨西哥等地
- 种　　群：蛇颈龙目
- 食　　物：肉类

渝州上龙

Yuzhoupliosaurus

- 生活时期：侏罗纪中期
- 种　　群：蛇颈龙目
- 体　　长：4 米
- 食　　物：肉类
- 化石产地：中国

蛇颈龙目　SHEJINGLONGMU

滑齿龙
Liopleurodon

- **生活时期：**侏罗纪中晚期
- **种　　群：**蛇颈龙目
- **体　　长：**5～7米
- **食　　物：**肉类
- **化石产地：**欧洲

95

克桑龙
Kronosavrvs

- **生活时期**：白垩纪早期
- **种　群**：蛇颈龙目
- **体　长**：9 ~ 10 米
- **食　物**：肉类
- **化石产地**：澳大利亚、哥伦比亚

双臼椎龙
Polycotylus

- 生活时期：白垩纪晚期
- 体　　长：5米
- 化石产地：北美洲、大洋洲
- 种　　群：蛇颈龙目
- 食　　物：肉类

白垩龙
Cimoliasaurus

- 生活时期：白垩纪
- 体　长：13～25米
- 化石产地：美国、新西兰、英国、法国
- 种　群：蛇颈龙目
- 食　物：肉类

98

神河龙
Styxosaurus

- 生活时期：白垩纪晚期
- 种　　群：蛇颈龙目
- 体　　长：11～12米
- 食　　物：肉类
- 化石产地：北美洲

薄片龙
Elasmosaurus

- 生活时期：白垩纪晚期
- 种　　群：蛇颈龙目
- 体　　长：14 米
- 食　　物：肉类
- 化石产地：北美洲

长喙龙

Dolichorhynchops

- 生活时期：白垩纪晚期
- 种　　群：蛇颈龙目
- 体　　长：4 米
- 食　　物：肉类
- 化石产地：北美洲

102

短颈龙
Brachauchenius

- 生活时期：白垩纪晚期
- 种　　群：蛇颈龙目
- 体　　长：12 米
- 食　　物：肉类
- 化石产地：北美洲

海鳗龙
Muraenosaurus

- 生活时期：侏罗纪中期
- 种　　群：蛇颈龙目
- 体　　长：7.5 米
- 食　　物：肉类
- 化石产地：欧洲

鱼龙目

巢湖龙
Chaohvsavrvs

- 生活时期：三叠纪早期
- 种　　群：鱼龙目
- 体　　长：0.7 ~ 1.7 米
- 食　　物：肉类
- 化石产地：中国

105

鱼龙
Ichthyosaurus

- **生活时期**：三叠纪晚期至侏罗纪早期
- **种　　群**：鱼龙目
- **体　　长**：2～5米
- **食　　物**：肉类
- **化石产地**：欧洲、亚洲、北美洲

杯椎鱼龙
Cymbospondylus

- 生活时期：三叠纪中晚期
- 种　　群：鱼龙目
- 体　　长：6～10米
- 食　　物：肉类
- 化石产地：世界各地

歌津鱼龙

Utatsusaurus

- 生活时期：三叠纪早期
- 体　　长：1.5～3米
- 化石产地：日本
- 种　　群：鱼龙目
- 食　　物：肉类

萨斯特鱼龙

Shastasavrus

- 生活时期：三叠纪中晚期
- 体　　长：5～21米
- 化石产地：北美洲
- 种　　群：鱼龙目
- 食　　物：小鱼等

- **生活时期**：三叠纪中期
- **体　　长**：0.8 ~ 1.2米
- **化石产地**：世界各地
- **种　　群**：鱼龙目
- **食　　物**：肉类

混鱼龙
Mixosavrvs

■ 生活时期：三叠纪晚期　　■ 种　群：鱼龙目
■ 体　长：1.5～2.5米　　■ 食　物：肉类
■ 化石产地：中国

黔鱼龙
Qianichthyosaurus

■ 生活时期：三叠纪晚期　　■ 种　　群：鱼龙目
■ 体　　长：3 米　　■ 食　　物：肉类
■ 化石产地：北美洲

加利福尼亚鱼龙
Californosaurus

秀尼鱼龙
Shonisaurus

- 生活时期：三叠纪晚期
- 种　　群：鱼龙目
- 体　　长：约 15 米
- 食　　物：无脊椎动物
- 化石产地：北美洲

离片齿龙
Temnodontosaurus

- 生活时期：侏罗纪早期
- 种　　群：鱼龙目
- 体　　长：5～12米
- 食　　物：肉类
- 化石产地：欧洲

115

喜马拉雅鱼龙

Himalayasaurus tibetensis

- 生活时期：三叠纪晚期
- 体　　长：10～16.5米
- 化石产地：中国
- 种　　群：鱼龙目
- 食　　物：肉类

116

真鼻鱼龙
Evrhinosavrvs

- **生活时期**：三叠纪晚期到侏罗纪早期
- **种　群**：鱼龙目
- **体　长**：6 米
- **食　物**：肉类
- **化石产地**：英国、德国

117

神剑鱼龙
Excalibosaurus

- 生活时期：侏罗纪早期
- 种　　群：鱼龙目
- 体　　长：4～7米
- 食　　物：肉类
- 化石产地：欧洲

卡洛维龙
Callawayia

- 生活时期：三叠纪晚期
- 种　　群：鱼龙目
- 体　　长：约 5 米
- 食　　物：肉类
- 化石产地：中国

扁鳍鱼龙
Platypterygius

- 生活时期：白垩纪早期
- 体　长：7米
- 化石产地：欧洲、北美洲、大洋洲
- 种　群：鱼龙目
- 食　物：鱼类等

大眼鱼龙
Ophthalmosaurus

- **生活时期**：侏罗纪中晚期
- **体　　长**：4～6米
- **化石产地**：欧洲、北美洲、南美洲
- **种　　群**：鱼龙目
- **食　　物**：肉类

- **生活时期**：侏罗纪时期
- **体　　长**：3～4米
- **化石产地**：欧洲
- **种　　群**：鱼龙目
- **食　　物**：肉类

鱼龙目 YULONGMU

狭翼鱼龙
Stenopterygius

有鳞目

- 生活时期：白垩纪晚期
- 体　长：3～17.3米
- 化石产地：北美洲、欧洲、亚洲
- 种　群: 有鳞目
- 食　物: 肉类

沧龙
Mosasavrvs

硬椎龙

Clidastes

- 生活时期：白垩纪晚期
- 种　　群：有鳞目
- 体　　长：2～6米
- 食　　物：肉类
- 化石产地：北美洲

124

海王龙
Tylosaurus

- 生活时期：白垩纪晚期
- 种　　群：有鳞目
- 体　　长：12～17米
- 食　　物：肉类
- 化石产地：北美洲

浮龙
Plotosaurus

- 生活时期：白垩纪晚期
- 种　　群：有鳞目
- 体　　长：9 ~ 13 米
- 食　　物：肉类
- 化石产地：北美洲

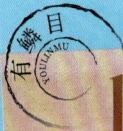

圆齿龙
Globidens

- 生活时期：白垩纪晚期
- 种　　群：有鳞目
- 体　　长：5.5～6米
- 食　　物：肉类
- 化石产地：北美洲

127

扁掌龙
Plioplatecarpus

- 生活时期：白垩纪晚期
- 体　长：6 米
- 化石产地：北美洲、欧洲
- 种　群：有鳞目
- 食　物：肉类

板踝龙
Platecarpus

- 生活时期：白垩纪晚期
- 体　　长：约 4.3 米
- 化石产地：北美洲
- 种　　群：有鳞目
- 食　　物：肉类

129

海诺龙
Hainosavrvs

- 生活时期：白垩纪晚期
- 种　　群：有鳞目
- 体　　长：14 ~ 16 米
- 食　　物：肉类
- 化石产地：欧洲

扫码听120种
翼龙与海龙小知识